Kleine
Naturgeschichte
für die
Schüler der Volksschule

von

G. A. Ritter.

Zweiter Abschnitt.

Botanik.

Erster Cursus.

Berlin,
Verlag von Georg Reimer.
1858.

Vorwort.

Das vorliegende Heft giebt eine gedrängte Zusammenfassung der hauptsächlichsten Merkmale, des Nutzens und der Kulturgeschichte derjenigen Pflanzen, die bei uns angebaut werden. Daß der Schüler eine genaue Kenntniß derselben aus dieser Zusammenstellung gewinnen soll, kann nicht erwartet werden, dieselbe soll vielmehr dazu dienen, dem Worte und der Belehrung von Seiten des Lehrers einen festen Anhalt zu gewähren. Wir haben deshalb bei jeder einzelnen Pflanze eine Rubricirung aufgestellt, wodurch die hervorstechenden Merkmale deutlich hervortreten und so dem Schüler eine Uebersicht dessen gewähren, was er in ausführlicher Belehrung durch den Unterricht von dem Lehrer empfangen hat. Daher ist ihm völlig bekannt, welche Bedeutung jede vorkommende Benennung irgend eines Pflanzentheils hat. Es ist dieses Heft daher besonders geeignet, bei den durchaus nöthigen Repetitionen zur Grundlage zu dienen, und der Lehrer ist des zeitraubenden Dictirens überhoben. Auch möchte sich — nach den Erfahrungen des Verfassers — diese gedrängte Darstellung als Disposition zu schriftlichen Ausarbeitungen (Aufsätzen) eignen.

Mit der Betrachtung der Kulturpflanzen darf, nach unseren Ansprüchen an die Leistungen in diesem Gegenstande, der botanische Unterricht nicht abgeschlossen sein, dieser soll vielmehr nur die Einführung in den schönen Garten der Natur anbahnen; der Schüler soll sich — wo die Schuleinrichtung es irgend gestattet — nicht mit dieser Kenntniß des Nützlichen aus der heimathlichen Pflanzenwelt begnügen; er soll auch auf das Schädliche in derselben hingewiesen werden und sich außerdem mit den ausländischen Kulturpflanzen bekannt machen, welche ihm als Handelsartikel im Leben entgegentreten. Daher wird der zweite Cursus die Giftpflanzen und die vorzüglichsten Bäume und Sträucher der Heimath, sowie diejenigen ausländischen Pflanzen, deren Producte wir durch den Handel kennen lernen, bringen.

Daß der Lehrer seine Schüler hinausführe und durch Excursionen die Einsicht in das Gewächsreich und dadurch die Kenntniß der einzelnen Pflanzenarten beständig zu erweitern suche, bedarf kaum der Erwähnung.

Für den Lehrer bemerken wir noch, daß er den hier skizzenartig vorliegenden Stoff in weiterer Ausführung in dem von demselben Verfasser erschienenen Buche findet: **Die Naturgeschichte in der Volksschule und in den mittleren Klassen der Real- und höheren Bürgerschulen, zur Benutzung für Lehrer und Schüler, sowie für Freunde der Natur. Erster Cursus der Botanik. Unsere Kulturpflanzen in Biographien. Berlin, Verlag von Georg Reimer 1858.**

Berlin, im März 1858.

G. A. R.

Der Safran.

Wurzelstock: eine mit fasrigen Häuten umgebene Zwiebelknolle, am unteren Theile viele fadenförmige Wurzeln. — Blätter: linealisch, fleischig. — Blüthen: unmittelbar auf der Zwiebelknolle, nur eine Blüthenhülle: trichterförmig, einblättrig, sechsspaltig, gefärbt, daher blumenkronenartig, am Grunde bärtig. Röhre: sehr lang, scheinbar den Stiel der Blüthe bildend, dicht mit Scheiden besetzt. — Staubfäden: 3. — Fruchtknoten: unterhalb der Blüthenhülle. — Griffel: fadenförmig, mit 3 zusammengerollten, oben eingeschnittenen Narben. — Blüthezeit: März, April.

Arten: 1. Der Frühlingssafran (Crocus vernus All.), violett oder weiß, auch violett und weiß gestreift.

2. Der gelbe Safran (C. luteus) gelb. Beide in Töpfen und Gärten als Zierpflanze.

3. Der echte Safran (C. sativus L.): blüht im September und October, violett, mit scharlachrothen Narben; aus dem Orient.

Nutzen: nur die getrockneten Narben als: Arzneimittel, Gewürz, Farbestoff; oft verfälscht durch: Saflor, Ringelblume, Granate, Rindfleisch.

Geschichtliches: Berg Zion (Salomo); Griechen: Zier- nnd Gewürzpfl.; Perser: Handelspfl.; Römer: Zier-, Gewürz-, Luxuspfl.; Araber nach Spanien; in Deutschland seit 1267. Der echte Safran im Großen angebaut in: Nordafrika, Italien, Frankreich, Spanien, England, Deutschland, Griechenland, Türkei, Rußland, Oesterreich; den besten liefert der Orient.

Familie: **Schwertlilien** oder **Irideen**.

Der Aprikosenbaum.

Die Aprikose (Prunus Armeniaca L.): Baum, 15—20′ hoch, bedarf bei uns sorgfältiger Pflege. — Blätter: lanzettlich, spitz-eiförmig, am Grunde herzförmig, doppelt scharf-gesägt, nach den Blüthen. — Blüthen: seitenständig, zu 1 oder 2, ganz kurz gestielt, weiß, mit röthlichem Anfluge. — Kelch: 5theilig. — Blumenkrone: 5blättrig. — Staubfäden: viele. — Griffel: einfach. — Blüthezeit: März, April. — Früchte: rundlich, fleischig, sammetartig-behaart, auf der Sonnenseite geröthet. Stein: unregelmäßig gefurcht, den Kern einschließend. (Steinfrucht.) —

Nutzen: Früchte: frisch und eingemacht, aus Italien und Frankreich ausgeführt. — Kerne: als Mandeln, Oel, Blausäure. Schale: schwarze Farbe. Holz: Drechsler.

Geschichtliches: Vaterland: Armenien; nach Griechenland durch Alexander d. Gr.; Römer (Arzneimittel); in Deutschland seit 1562 aus Italien. Freistehend und an Spalieren; Oculiren; 20 Sorten. — Jetzt auf Madeira, in Aegypten, in einigen andern Ländern Afrika's, in Amerika und Australien.

Familie: **Mandelgewächse** oder **Amygdaleen**.

Der Kirschbaum.

Zwei Hauptarten: 1. Süße Kirschen: a. Morellen, b. Glaskirschen.
2. Saure Kirschen.

Der Süßkirschbaum, Vogel- oder Waldkirschbaum (Prunus avium L.): in Europa einheimisch, in Gärten, aber auch in Wäldern, auf Feldern und Gebirgen.

Der Sauerkirschbaum (Pr. Cerasus L.) stammt aus Pontus in Asien. (Lucullus 74 v. Chr. nach Italien.)

Der Kirschbaum ist sehr astreich, graue Rinde, im Alter abfallend. Harz. — Blüthen: in Büscheln, lang gestielt, vor den Blättern. Blüthenschnee. — Kelch: einblättrig, 5theilig, vertrocknet nach dem Verblühen. — Blumenkrone: 5blättrig, weiß. — Staubfäden: viele, gelbe Staubbeutelchen. — Griffel: einfach. — Blüthezeit: April, Mai. — Frucht: rund, fleischig, roth; Stein mit Kern.

Blätter: a. beim Sauerkirschbaum: flach, kahl, glänzend, zugespitzt; b. beim Süßkirschbaum: runzelig, unten weichhaarig.

Nutzen: Früchte: frisch, eingemacht, gebacken; Holz: Tischler.

Geschichtliches: Die Süßkirsche bei den Römern zu Lucullus Zeit schon 10 Sorten; Gallien, nach dem Rhein; Belgien; England (50 Jahre n. Chr.). In Deutschland ausgebreitet durch Karl d. Gr., die Hohenstaufen und Mönche. Australien (1767). In Afrika nur am Cap.

Familie: **Mandelgewächse** oder **Amygdaleen.**

Der Mandelbaum.

Die gemeine Mandel (Amygdalus communis L.): Baum, 6—8' hoch. Von Mitteldeutschland an weiter nach Süden hin angepflanzt. — Blätter: lanzettlich, gesägt. Blattstiel: oben mit Drüsen, mit dem Blatt gleichlang. — Blüthen: lange vor den Blättern. — Kelch: röhrig, 5theilig. — Blumenkrone: 5blättrig, hellrosenroth oder weiß. — Staubgefäße: viele. — Griffel: einfach. — Blüthezeit: März, April. — Früchte: Steinfrucht. Schale grünlich, fleischig, im harten Stein der Kern: Mandel — süß und bitter.

Nutzen: Früchte: zur Speise; Mandelöl; die bittere: Blausäure.

Geschichtliches: Vaterland: südwestliches Asien und Afrika; im südl. Europa eingebürgert. Die besten von Malaga: länglich; ferner von Valencia und die italienische Ambrosiamandeln. Mittelsorten aus Sicilien und der Provence; die bittern aus der Türkei. — Knackmandeln.

Familie: **Mandelgewächse** oder **Amygdaleen.**

Der Pfirsichbaum.

Die gemeine Pfirsiche (Persica vulgaris L.): Baum, 20' hoch, angepflanzt. — Blätter: sehr lang, schmal, scharfgesägt. — Blüthen: vor den Blättern, sehr voll, abfallend. Kelch: einblättrig, 5lappig. — Blumenkrone: 5blättrig, rosa. — Staubfäden: viele. — Griffel: einfach. — Blüthezeit: April, Mai. — Frucht: Steinfrucht. Schale: fleischig, saftig, filzig; Stein: fest, sehr uneben; Kern: Blausäure. —

Nutzen: Frucht: frisch.

Geschichtliches: Vaterland: das warme Asien, wahrscheinlich Persien; wanderte nach Griechenland, Italien, Spanien, Deutschland; zu Karls d. Gr. Zeiten schon mehrere Sorten. Sonst noch in Aegypten, auf Madeira, in anderen Gegenden Afrika's und in Australien.

Familie: **Mandelgewächse** oder **Amygdaleen.**

Der Pflaumenbaum.

Der Pflaumenbaum (**Prunus domestica L.**): Baum, mittelmäßig hoch, sehr ästig, dornenlos oder namentlich jung mit spitzigen Dornen. — Blätter: länglich, rauh, gezähnt. — Blüthen: 2 aus einer Knospe, kurz gestielt. — Kelch: 1blättrig, 5theilig, blaßgrün. — Blumenkrone: 5blättrig, milchweiß. — Staubfäden: viele. — Griffel: einfach. — Blüthezeit: April. — Früchte: länglich, blau, bereift. Steinfrucht, mit gelblichem Fleische. Pärchen. Täschchen.

Nutzen: Früchte: frisch, eingemacht, gebacken, Mus; Holz sehr fest

Geschichtliches: Vaterland: Asien (Thal Algota in Cölesyrien). Bekannt den Juden, Griechen, in Syrien (Damaskus), den Römern (aus Armenien — unter Nero: 30 Sorten in Italien, 200 im ganzen römischen Reiche). In Deutschland durch Karl d. Gr. verbreitet. — Jetzt fast in allen Ländern, selbst in Australien. — Ganz vorzügliche Sorten aus Frankreich und Ungarn. — Etwa 50 Spielarten: Mirabelle, Reineclaude; Zwetschen, Spillinge.

Familie: **Mandelgewächse** oder **Amygdaleen**.

Der Birnbaum.

Der gemeine (wilde) Birnbaum (**Pirus communis L.**): Baum, in den Wäldern vereinzelt, klein, fast strauchartig, mit langen Dornen; trägt kleine, harte Früchte — Holzbirnen. Veredelt: kräftig, oft sehr ästig, 40—50′ hoch und 3′ dick. Blätter: eiförmig, glatt, feingesägt, etwa so lang wie der Blattstiel. — Blüthen: in Büscheln. — Kelch: 5zähnig, oberständig, bleibend. — Blumenkrone: 5blättrig, weiß, zuweilen mit röthlichem Anfluge. Staubfäden: 20. — Griffel: 5. — Blüthezeit: April, Mai. — Früchte: sehr fleischig, 5fächrig, mit je 2 Kernen (Kernobst); durch die Veredlung sehr mannigfaltig in Farbe, Größe, Geschmack und Gestalt.

Nutzen: Früchte: frisch (Tafelobst), gebacken (Backobst); Cider (Birnmost) und Essig. Holz: Drechsler und Tischler.

Geschichtliches: Seit den ältesten Zeiten in ganz Europa und im Orient angepflanzt. — Juden, Griechen, Römer und Gallier; später in Deutschland, England, Belgien 2c., in neuerer Zeit auch in Australien.

Familie: **Apfelgewächse** oder **Pomaceen**.

Der Apfelbaum.

Der wilde Apfelbaum (Pirus Malus L.): verkrüppelt, in Wäldern der gemäßigten Zone, einzeln, mit herben, ungenießbaren Früchten — Holzäpfel. Veredelt: 30—40′ hoch, mit überhängenden Aesten und sehr ausgebreiteter Krone. — Blätter: kurz gestielt, breit oval, gezähnt, drüsig oder ganz wollig. — Blüthen: 3—6 in doldenartigen Sträußen, groß, wohlriechend. — Kelch: 5spaltig, oberständig, bleibend. — Blumenkrone: 5blättrig, weiß, mit rosenartigem Anfluge. — Staubfäden: 20. — Griffel: 5, unten verwachsen. — Blüthezeit: Mai. — Früchte: rund, eingedrückt, verschieden gefärbt; Kerngehäuse (Endocarpium): 5 Kammern mit je 2 Saamen; Fleisch (Musocarpium) saftreich, locker. (Kernobst.)

Nutzen: Früchte: frisch, gebacken; Cider (Apfelwein), Branntwein, Essig — Apfelwein als Arzneimittel. Holz: Tischler. Rinde: gelber Farbestoff.

Geschichtliches: Bei den Griechen und Römern in vielen Sorten. Letztere aus Deutschland Holzäpfel zu Essig. — Jetzt sehr verbreitet, gedeiht am besten auf der nördlichen Halbkugel, weit nach Norden hinauf; außerdem am mittelländischen Meere, in Arabien, Persien, Vorderindien (seit 1817), Westindien, Afrika (seit 1839) und Australien.

Familie: **Apfelgewächse** oder **Pomaceen**.

Die Veredlung der Obstbäume.

Bäume aus Kernen: Wildlinge; werden veredelt mit einem edlen Reise oder Auge durch Kopuliren, Oculiren und Pfropfen. — Kopuliren: schräger Schnitt, edles Reis, fester Verband von Leinwand mit Baumwachs. Anfangs März bis in den April. Bei dickeren Stämmen durch einen Kerb: Anplacken. — Okuliren: in die Rinde des Wildlings ein edles Auge (Knospe). Drei Mal: im April, Ende Juni (das treibende Auge) und Ende Juli (das schlafende Auge). — Pfropfen: in den Spalt (Ende März bis Mai) oder in die Rinde (Ende April und Anfang Mai). Das Pfropfreis: keilförmig zugeschnitten; mit einem Verbande von Lehm befestigt.

Der Stachelbeerstrauch.

Der Stachelbeerstrauch (Ribes Grossularia L.): Strauch, schon vom Stamm aus vielästig, mit vielen ungetheilten oder 3theiligen, spitzigen Stacheln besetzt; schlägt früh aus; häufig wild und angebaut. — Blätter: dreilappig, weichhaarig. — Blüthen: unscheinbar, viel Honig. Blüthenstiele mit 2—3 Deckblättern. — Kelch: bildet den Haupttheil der Blüthe, groß, glockig, 4—5 spaltig, oberständig, vertrocknet, bleibend. — Blumenkrone: 4—5blättrig, höchst unscheinbar, am Schlunde des Kelches, abwechselnd mit dessen Lippen, grünlich-weiß. — Staubfäden: 5, unscheinbar. — Griffel: klein, 2 bis 4spaltig. — Blüthezeit: April, Mai. — Früchte: eine Beere, saftig, vielsaamig, kahl oder behaart, verschieden gefärbt, Anfangs Juli reif.

Nutzen: Früchte: unreif: geschmort oder eingemacht, reif: süß, frisch gegessen, Stachelbeerwein, Essig, Branntwein. Strauch: lebendige Hecken.

Geschichtliches: gegen 400 Spielsorten, die besten in England; angeblich durch die Saracenen nach Europa gebracht, dann aus Nordasien stammend; sind auch wild im nördlichen und gemäßigten Europa.

Familie: **Stachelbeergewächse** oder **Grossularieen.**

Der Johannisbeerstrauch.

Der rothe Johannisbeerstrauch (Ribes rubrum L.): Strauch, 4—5′ hoch, vielästig; wild: zerstreut in feuchten Wäldern und Hecken; angebaut: in den meisten Gärten, durch Stecklinge. — Der schwarze Johannisbeerstrauch (R. nigrum L.): wild und in mehreren Sorten angepflanzt. Nachgeschmack der Früchte: süßlich, aber wanzenartig. — Blätter: fast 5lappig, stumpf. — Blüthen: in Trauben, gelblich-grün, sehr unscheinbar. — Kelch: beckenförmig, 4—5theilig, kahl. — Blumenkrone: 4—5blättrig, sehr klein, grünlich. — Staubfäden: 5, sehr klein. — Griffel: 2—4spaltig. — Blüthezeit: April. — Früchte: runde, mit dem Kelch gekrönte Beeren, vielsaamig, roth, zuweilen auch weiß, angenehm säuerlich.

Nutzen: Früchte: Näscherei, Johannisbeerwein, Gelee. Die Blätter der schwarzen: gegen Gicht und Rheumatismus.

Geschichtliches: viele Abarten, in ganz Europa. — Australien.
Familie: **Stachelbeergewächse** oder **Grossularieen**.

Der Maulbeerbaum.

Bei uns zwei Arten:
a. der schwarze Maulbeerbaum (Morus nigra L.).
b. der weiße Maulbeerbaum (M. alba L.)

Baum, 30—40′ hoch, ziemlich stark, angepflanzt. — Blätter: herz-eiförmig, am Grunde ungleich, ungetheilt od. lappig, glänzend. — Blüthen: getrennt, aber auf demselben Stamme; bei a. ganz kurz, bei b. länger gestielt. Männliche: in Kätzchen, 4 Staubfäden; weibliche: in Aehren, 2grifflig. Kelch der weibl. Blüthe fleischig werdend. Blüthezeit: Mai. — Früchte: beerenartig, in jeder einzelnen 2 Saamen; bei a. schwarz, bei b. weiß.

Nutzen: Blätter: Nahrung der Seidenraupen; Früchte: gegessen; Rinde: zu Stricken, aus der des schw. M. in China und Japan Papier; aus dem Holz des weißen M. in Italien und der Provence dauerhafte Gefäße.

Geschichtliches: Vaterland: das gemäßigte Asien (ursprünglich China, der Anfang der Seidenzucht); 530 v. Chr. durch zwei Mönche nach Constantinopel. Griechenland und Morea als Hauptländer der Seidenzucht, später über ganz Europa; Preußen: Friedrich d. Gr.

Familie: **Nesselgewächse** oder **Urticeen**.

Der Wallnußbaum.

Der Wallnußbaum (Juglans regia L.): Baum, sehr hoch, mit breiter, schöner, dichtbelaubter Krone, wird selten krank, nie von Insecten angegriffen: Lauge; leidet oft durch die Frühjahrsfröste. — Blätter: unpaarig-gefiedert, aus einem langen Stiele und 7—9 großen Blättchen bestehend; Blättchen: kurzgestielt, länglich-oval, gesägt. — Blüthen: getrennt, auf demselben Stamme. Männliche: in langen, braunen Kätzchen; weibliche zu 1—3 an der Spitze der Zweige, mit abfälligem, 4zähnigem Kelche, 4 Kronenblättern und 2 lanzettlichen Narben. — Blüthezeit: Mai. — Früchte: Nüsse (Steinfrucht) aus fleischiger Schale, 2klappigem Gehäuse, und zerschlitztem Kern bestehend (hautartige Scheidewände zertheilen den Kern fast in 4 Theile).

Nutzen: Früchte: Naschwerk, Oel; unreif: eingemacht oder mit Branntwein abgezogen; die grüne Schale: braune Farbe, Laugensalz; Blätter: Arzneimittel; Holz: Handelsartikel für Tischler (Möbeln), Instrumentenmacher, Büchsenschäfter.

Geschichtliches: Vaterland: Persien, über Italien nach Deutschland: mehrere Abarten.

Familie: **Wallnußgewächse** oder **Juglandeen**.

Der Kohl.

Gartenkohl (Brassica oleracea L.): krautig; in vielen Abarten; wild in England am Meeresufer. — Blätter: kahl, meergrün; die unteren: gestielt, leierförmig — die oberen: sitzend, länglich. — Blüthen: in lockeren Trauben, schon vor dem Aufblühen bedeutend verlängert. — Kelch: aufrecht, vor dem Aufblühen fest geschlossen. — Blumenkrone: 4blättrig, weißgelb, seltener weiß. — Staubfäden: 4 längere und 2 kürzere, aufrecht. — Blüthezeit: Mai, Juni. — Früchte: lineale oder längliche Schoten, mit gewölbten Klappen und nur einem deutlichen Längsnerv. — In vielen Spielarten in Gärten und Feldern — Blätter, Strünke, Knollen, Blüthen.

Die wichtigsten Abarten sind:

1. Der Winter- od. Blattkohl (Br. acéphâla DC.).
   a. Der grüne oder röthliche Blattk. (Br. aceph. vulgaris DC.).
   b. Der Grünkohl (Br. aceph. quercifolia DC.).
   c. Der Braunkohl (Br. aceph. crispa.).
2. Der Rosenkohl (Br. gemmifera DC.).
3. Der Welsch-, Wirsing- od. Savoyerkohl. (Br. sabauda L.).
4. Der Kopfkohl (Br. capitata L.).
   a. Weißkohl. b. Rothkohl.
5. Der Kohlrabi (Obererd- oder Oberkohlrabi). (Br. gongylodes L.)
6. Der Blumen- oder Käsekohl (Br. botrytis L.).

Nutzen: Gemüse.

Geschichtliches: Griechen, Römer, Juden, Aegypter; in Deutschland schon vor der Völkerwanderung; nach Australien und Java verpflanzt.

Familie: **Kreuzblümler** oder **Cruciferen**.

Der Rübenkohl oder Rübsen.

Der Rübsen (Brassica Rapa L.): ein- und zweijährig. Die wilde Pflanze, der Feld-Rübsen (Br. campestris L.): einjährig, blüht im Juli, August, oder überwintert aus spät ausgefallenem Saamen, blüht im April, Mai. — Blätter: die untersten: grasgrün, leierförmig-fiederspaltig; die folgenden: meergrün, leierförmig; die oberen: eiförmig, mit tief herzförmigem Grunde, stengelumfassend. — Blüthen: in Trauben, während des Aufblühens flach, nachher verlängert; die geöffneten über die geschlossenen hervorragend. — Kelch: legt sich nach unten zurück, zuletzt ganz wagerecht. — Blumenkrone: 4blättrig. — Staubfäden: 4 längere, 2 kürzere. — Früchte: lineale od. längliche Schoten, mit bräunlichem Saamen. — In 3 Abarten gebaut:

1. Der Sommer-Rübsen (Br. Rapa annua Koch); schön gelb; Juli, August.
2. Der Winter-Rübsen (Br. Rapa oleifera DC.): dunkler gelb, schon im Herbst gesäet, blüht im April, Mai.
3. Die weiße Rübe (Br. Rapa esculenta Koch.): zweijährig; gelblich-weiß; April, Mai. — Teltower Rübchen.

Nutzen: 1 u. 2 Oelpflanzen, 3 Gemüse und Viehfutter.

Geschichtliches: Die weiße Rübe: Römer, Gallier; die Teltower Rübe zu Karls d. Gr. Zeit.

Familie: **Kreuzblümler** oder **Cruciferen.**

Der Raps.

Der Raps od. Kohlraps (Brassica Napus L.): jetzt noch wild in Gothland, Holland und England; ein- u. zweijährig; besonders in 3 Abarten gebaut:

1. Der Winter-Raps (Br. Napus oleifera DC.): dunkler gelb; April, Mai.
2. Der Sommer-Raps (Br. Napus annua Koch.): hellgelb; Juli, August.
3. Die Kohl-, Steckrübe od. Erdkohlrabi (Br. Napus esculenta DC.): zweijährig; fast weiß; Mai.

Blätter: meergrün; die unteren etwas gestielt, leierförmig-fiederspaltig; die oberen länglich, mit verbreitertem, herzförmigem Grunde, ungestielt, halbstengelumfassend. — Blüthen: in lockeren Trauben, schon während des Aufblühens verlängert, die geöffneten stehen tiefer als die Knospen. — Kelch: 2theilig, zuletzt halb offen, hinfällig. — Blumenkrone: 4blättrig. — Staubfäden: 4 längere, 2 kürzere. — Früchte: längliche Schoten mit bräunlichem Saamen.

Nutzen: 1 und 2 Oelpflanze, 3 Gemüse und Viehfutter.

Geschichtliches: Zuerst in Belgien angebaut, nach Holland, an den Rhein, nach Niedersachsen (1781), durch Herzog Alba nach Süddeutschland; schnelle Verbreitung; am meisten angebaut in Holstein.

Familie: **Kreuzblümler** oder **Cruciferen**.

Der Rettich.

Der Garten-Rettich (Raphanus sativus L.): zweijährig. — Stengel: 2—4′ hoch. — Blätter: leierförmig. — Blüthen: in Trauben. — Kelch: 2blättrig, hinfällig. — Blumenkrone: 4blättrig, blaßviolett od. weiß, mit dunklern Adern. — Staubfäden: 4 längere, 2 kürzere. — Blüthezeit: Mai, Juni. — Früchte: längliche Schötchen, mit netzig-runzligen Saamen. — In verschiedenen Sorten gebaut, 2 Hauptsorten:

1. Der schwarze Rettich (R. sativus niger DC.): mit grauschwarzer Wurzel.
2. Das Radieschen (R. sativus Radiola DC.): mit kleiner, außen röthlicher oder weißer Wurzel.

Nutzen: Wurzeln: Speise, befördern die Verdauung; früher Arzneimittel, jetzt Hausmittel gegen Husten und Heiserkeit.

Geschichtliches: Griechen und Römer in mehreren Abarten; in Deutschland früher Hauptnahrung. — Amerika.

Familie: **Kreuzblümler** oder **Cruciferen**.

Der Meerrettig.

Der Meerrettig (Cochlearia Armoracia L.): ausdauernd, an Ufern, feuchten Zäunen 2c. wild, auch verwildert und angepflanzt. Stengel: absterbend, 2—4′ hoch. — Wurzel: kriechend, groß, stark, ästig. — Blätter: groß, untere: gestielt, länglich, herzförmig oder eiförmig-länglich, gekerbt; mittlere: kammartig-fiederspaltig; obere: eiförmig-lanzettlich, gekerbt-gesägt; oberste: linealisch, fast ganz. — Blüthen: in ganz lockeren Trauben. — Kelch: 2 blättrig, hinfällig. — Blumenkrone: vierblättrig, weiß. — Staubfäden: 4 längere, 2 kürzere. — Blüthezeit: Juni, Juli. — Früchte: Schötchen mit glattem, bräunlichem Saamen.

Nutzen: Wurzel: Würze der Speisen, Mittel gegen den Skorbut.

Geschichtliches: Griechenland; in Deutschland durch Karl d. Gr. u. die Hohenstaufen verbreitet.

Familie: **Kreuzblümler** oder **Cruciferen.**

Der Kümmel.

Der gemeine Kümmel (Carum Carvi L.): auf Wiesen, Ackerrändern 2c. wild, verwildert und angebaut; zweijährig. — Wurzel: spindelförmig, meist sehr ästig. — Stengel: ästig, 1—2′ hoch. — Blätter: doppelt gefiedert; Blättchen: fiederspaltig-4 theilig, daher sehr zerschlitzt, mit linealischen Zipfeln. — Blüthen: in zusammengesetzter Dolde. — Kelch: undeutlich. — Blumenkrone; 5 blättrig, weiß oder röthlich. — Staubfäden: 5. — Griffel: zurückgebogen. — Blüthezeit: Mai, Juni. — Früchte: länglich-zusammengedrückt, frei auf einem an der Spitze getheilten Träger.

Nutzen: Gewürzpflanze: der Saame an Speisen, Brot, Backwerk, Kuhkäse. — Branntwein (Kümmel), Oel, Arzneimittel. — Die grüne Pflanze: Viehfutter, verbessert das Heu.

Geschichtliches: wahrscheinlich seit dem Mittelalter, jetzt im Großen um Halle, in Thüringen und Anhalt gebaut. — Kümmelmotte. —

Familie: **Doldenblüthler** oder **Umbelliferen.**

Die Möre.

Die gemeine Möre (Daucus Carota L.): zweijährig; in Deutschland überall wild und häufig angebaut. — Wurzel: spindelförmig, fleischig, im zweiten Jahre holzig. — Stengel: 1—2′ hoch, dicht mit steifen Haaren besetzt. — Blätter: 2- bis 3 fach gefiedert; Blättchen fiederspaltig, mit lanzettlichen, haarspitzigen Zipfeln; behaart. — Blüthen: in einer dichten Dolde, die während der Blüthezeit flach, nachher schüsselförmig ist. — Hülle der Blume: vielblättrig, 3 oder fiederspaltig; Hüllchen: vielblättrig, gewimpert. — Kelch: 5 zähnig. — Blumenkrone: 5 blättrig, weiß. — Staubfäden: 5, um den Griffel stehend. — Blüthezeit: Juni—September.

Nutzen: Wurzel: Gemüse und Viehfutter, Zucker, Syrup, Kaffeesurrogat, Branntwein; Blätter ebenfalls Viehfutter. — Zwei Unterarten:

a. die eigentliche Möre mit ziegelrother,
b. die Carotte mit blaßgelber, feinerer und zartfleischigerer Wurzel.

Geschichtliches: Die Römer wahrscheinlich aus Deutschland, in England (seit 16. Jahrhundert.) — Neuholland.

Familie: **Doldenblüthler** oder **Umbelliferen**.

Der Sellerie.

Der gemeine Sellerie (Apium gravéolens L.): zweijährig; in Deutschland an salzhaltigen und feuchten Orten, sowie am Meeresstrande wild; in Gärten gepflanzt; hat einen scharfen, fast betäubenden Geruch und scharfen Geschmack, daher für giftig gehalten. — Wurzelstock: dick, knollenartig. — Wurzel: sehr ästig, spindelförmig, geringelt. — Stengel: 1—3′ hoch, aufrecht, ästig. — Blätter: glänzend; wurzelständige: langgestielt, gefiedert; stengelständige: ganz kurzgestielt oder sitzend, dreitheilig. — Blüthen: in vielstrahligen Dolden, die einzelnen Döldchen halbkugelförmig: sehr klein. — Kelch: undeutlich. — Blumenkrone: weiß, 5 blättrig, Blättchen rundlich, sehr klein, daher die Blüthen von den Staubbeutelchen gelb. — Blüthezeit: Juli—September.

Nutzen: Wurzel und Blätter als Zusatz zu anderen Speisen, Salat. Zwei Sorten: a. Krautsellerie, b. Knollensellerie.

Geschichtliches: Griechen, Römer; in Deutschland schon vor 1000 Jahren.

Familie: **Doldenblüthler** oder **Umbelliferen**.

Die Petersilie.

Die Petersilie (Petroselinum sativum Hoffm.): zweijährig, angebaut und verwildert. — Wurzel: spindelförmig, dünn, seltener ästig. — Stengel: ästig, 2—3′ hoch. — Blätter: lebhaft glänzend; untere: 3fach gefiedert, mit eiförmigen, 3spaltigen und gezähnten Blättchen; obere: sitzend, dreizählig. — Blüthen: in vielstrahligen Dolden; Hülle 1—2 blättrig, Hüllchen 6—8 blättrig; grünlich-gelb. — Blüthezeit: Juni, Juli.

Nutzen: Kraut und Wurzel zum Küchengebrauch; Saamen-Oel als Arzneimittel. — Wird verwechselt mit der Hunds-Gleiße (Aethusa Cynapium L.) und dem gefleckten Schierling (Conium maculatum L.). — Vergiftungen. — Gewürzhafter

Geruch. Drei Sorten: a. gemeine, b. wurzelige, c. krause Petersilie.

Geschichtliches: aus Sardinien und Sicilien — an Quellen und Bächen wild. — Römer. — In Deutschland seit 11., in Frankreich seit 16. Jahrhundert, in England seit 1548; von Spanien nach Mexico und Peru.

Familie: **Doldenblüthler** oder **Umbelliferen**.

Die Gurke.

Die gemeine Gurke (Cucumis sativus L.) einjährig, vielfach angebaut. — Stengel: krautig, fingerdick, 12—15' lang, ästig, kriechend; Wickelranken (Rankengewächs) mit langen, steifen Haaren bedeckt. — Blätter: einzeln, lang gestielt, groß, herzförmig, 5eckig. — Blüthen: in den Blattwinkeln, lang gestielt, einhäusig (monöcisch); männliche: 5 zu einem Bündel verwachsene Staubfäden; weibliche: mit 3spaltigem Griffel und 3 Staubfäden ohne Beutelchen. — Kelch: einblättrig, 5zähnig, auf einer flachen Scheibe. — Blumenkrone: einblättrig, 5spaltig, gelb. — Blüthezeit: Mai—August. — Früchte: länglich, höckerig, sehr fleischig, beerenartig, viele Saamen: auf 3 Reihen vertheilt, taschenförmig, scharfrandig.

Nutzen: Früchte: vom Mai—September frisch, zu: Salat Schmorgurken, Zuckergurken, Essiggurken, saure Gurken, Salzgurken, Senfgurken 2c.

Geschichtliches: Viele Abarten, auch in Treibhäusern und Mistbeeten; im Altenburgischen auf den Feldern im Großen: Handelsartikel. — Vaterland: Asien. — Aegypter, Juden, Römer. — In Deutschland seit mindestens 1000 Jahren.

Hierzu die Melone (Cucumis Melo L.) mit angenehm, süßgewürzhaft schmeckenden Früchten; aus Asien; verschiedene Spielarten, davon die hauptsächlichsten: a. die Kantalupen, b. die Netzmelonen (in Mistbeeten); sonst noch in Amerika, Australien, um Astrachan 2c.

Familie: **Kürbisgewächse** oder **Cucurbitaceen**.

Der Kürbis.

Der gemeine Kürbis (Cucurbita Pepo L.): einjährig. — Stengel: kriechend und kletternd, steifhaarig, Wickelranken: ästig. — Blätter: lang gestielt, herzförmig, 5lappig, ganz rauh. — Blüthen: in den Blattwinkeln, lang gestielt, einhäusig — wie bei der Gurke. — Kelch: einblättrig, 5zähnig, auf einer fleischigen Scheibe. — Blumenkrone: groß, einblättrig, 5spaltig, gelb. Blüthezeit: Juni—August. — Früchte: beerenartig, sehr groß (1' lang, ½—¾' dick) — Kerne: taschenförmig, mit aufgedunsenem Rande.

Nutzen: Frucht: Speise und Viehfutter, in Venedig ꝛc. allgemein gegessen; zuckerhaltig; Kerne: Oel.

Geschichtliches: Vaterland: Mittelasien; in vielen Abarten in Gärten und Feldern. — Juden, Römer; in Deutschland zu Karls d. Gr. Zeit in mehreren Abarten; England (seit 1570); Frankreich; aus Neapel und Spanien. — Amerika, Australien.

Hierzu die Wasser-Melone (Cucurbita Citrillus L.): in Ostindien wild, viel gebaut in Persien, Südrußland, am caspischen Meere, in Ungarn, Südspanien, Chili, Mexico, Neuholland.

Familie: **Kürbisgewächse** oder **Cucurbitaceen.**

Der Roggen.

Der gemeine Roggen (Secale cereale L.): ein- u. zweijährig (Sommer- u. Winter-R.). — Wurzel: vielfaserig, zuweilen 4—5' lang. — Stengel: (Halm) 3—5' hoch, aufrecht, hohl, knotig (Internodien), mit Blattscheiden; nach oben fein behaart. — Blätter: lang, flach, linealisch, meergrün, unten glatt, oben etwas scharf, an langen Scheiden (mit deutlichen Blattscheiden). — Blüthen: in verlängerten, undeutlich vielseitigen, dichten, dachziegelartigen Aehren; Aehrchen in 2 Reihen, abwechselnd an der Spindel. Spindel: vielfach gegliedert, Glieder flachgedrückt. Jedes Aehrchen von einem Deckblättchen gestützt. Aehrchen: aus zwei größeren, breiteren Blättern (Spelzen). Die äußere Spelze: rauh, mit langer Spitze (Granne); die innere: hautartig, doppelt gefaltet, von 2 Rippen durchzogen. — Staubfäden: 3, dicht zusammengedrängt, mit langen, linienförmigen, auf der oberen und unteren Seite tief eingeschnittenen Staubbeuteln. — Fruchtknoten: länglich, mit 2 federartigen Narben. — Blüthezeit: Mai, Juni. — Früchte: längliche Saamenkörner, eine nackte, hornartige Haut umschließt den mehligen Kern.

Nutzen: Mehl, Brot, Viehfutter (Schrot, Kleie), Spiritus, Stroh (Dachdecken, Häcksel, Streu, Flechtwerk ꝛc.).

Krankheiten: Sauerdornpilz, Rostbrand, Schmierbrand, Mehlthau, Mutterkorn (letzteres giftig und Arzneimittel).

Geschichtliches: Die Kultur in Europa und Asien bis 50—60° N. Br., in Amerika bis 40—50° N. Br. — Gebirge; nach Süden abnehmend; erscheint wieder in der entsprechenden Zone der südlichen Halbkugel. Hauptgegenden für den Roggenbau: die nordeuropäische und osteuropäische Tiefebene. Der Roggengürtel:

Nordgränze: 65—60° N. Br.
Südgränze: 50—48° N. Br.

Vaterland: wahrscheinlich in den Ländern zwischen den Alpen und dem schwarzen Meere; mit den Völkern verbreitet. Perser, mit den Slaven nach Thracien und Macedonien, von dort nach Griechenland, Römer noch nicht: nur in den Alpen, Alemannen, nach Deutschland, lange vor der Völkerwanderung, nördliche Asien, Amerika.

Familie: **Gräser** oder **Gramineen**.

Der Weizen.

Der gemeine Weizen (Triticum vulgare Vill.): ein- u. zweijährig (Sommer- und Winterfrucht); weniger Kälte als der Roggen. — Wurzel: faserig. — Stengel: (Halm) aufrecht, 3—5′ hoch, knotig. — Blätter: flach, linealisch, meergrün, oben und am Rande etwas scharf, unten glatt, an Scheiden. — Blüthen: in Aehren, grannenlos, meistens haarlos oder nur ganz weichhaarig; Aehrchen in 4 Reihen an der Spindel, dachziegelig, meist kurz und breit, stiellos; Kelchspelzen: bauchig, eirundlich, oben abgestutzt, mit kurzer, stachelähnlicher Spitze. Blüthen meistens zu 4 in 1 Aehrchen, wie bei dem Roggen. — Blüthezeit: Juni, Juli. — Früchte: längliche, nackte Saamenkörner.

Nutzen: Körner: Mehl (Semmeln, Weißbrot, Kuchen 2c.), in England und Frankreich: tägliches Brot; — Gries, Grütze, Stärke, Weizenbier (Kleie: Viehfutter); Stroh: Streu, Winterfutter, Flechtwerk 2c. — Brand.

Verschiedene Abarten: a. der englische W., b. der Bart-W., c. der polnische W., d. der Dinkel, e. das Zweikorn, f. das Einkorn 2c.

Geschichtliches: schon im südlichen Theil des Roggengürtels; der Weizengürtel: Nordgränze: 57—50—48° N. Br.
Südgränze: 30° N. Br.

Er umfaßt: England, Frankreich, Spanien, Portugal, Kleinasien, Persien, den Kaukasus, Nordafrika und Chili: als die wichtigsten Gegenden für den Weizen. — Vaterland: Mittelasien. — Aegypter, Griechen, Juden, Carthager, Perser, Babylonier, Meder, Araber, Römer und Gallier; nach Deutschland durch die Römer; nach England durch die Angeln und Sachsen; nach Amerika (Kolumbus): in Chili, Paraguay, Neuspanien, Quito, Kalifornien, Mexico, Louisiana, Virginien 2c.; nach Australien (Bougainville): auf Taiti, Neuholland 2c.; in Asien: nach China, Philippinen und Java.

Familie: **Gräser oder Gramineen.**

Der Mais.

Der Mais, türkische Weizen, Welschkorn (Zea Mays L.): einjährig. — Wurzel: faseriger Büschel. — Stengel: knotig, bei uns 3—8′, in seiner Heimath bis 16′ hoch. — Blätter: sehr lang, linealisch, oft 2″ breit, oben rauh, unten glatt, an einer langen häutigen Scheide. — Blüthen: einhäusig; männliche: eine traubenförmige, ganz lockere Rispe, mit 2spaltigem, grannenlosem, meistens 2 Blüthen tragendem Kelche, darin 3 Staubfäden; weibliche: eine Aehre auf einem walzigen Blüthenboden, von Scheiden umschlossen; der 2spelzige Kelch nur 1blüthig. — Blumenkrone: 2spelzig. Griffel: fadenförmig, an der Seite büschelförmig herabhängend. — Blüthezeit: Juni, Juli. — Früchte: viele erbsengroße Körner, gelb.

Nutzen: Körner und die frische Pflanze: Viehfutter; für viele Länder sind die Körner Hauptnahrungsmittel: in Italien zu Grütze (Polenta) und Mehl; in Amerika: tägliches Nahrungsmittel. — Essig, Bier; aus den grünen Stengeln: Syrup, Zucker; die getrockneten St.: zum Dachdecken, Brennmaterial, Flechtwerk; die Fasern: ein haltbares Gespinst; die Scheiden: elastische Polster. — Durch den Genuß eine Hautkrankheit (Pellagra); — ein großer Feind: der Reis-Rüsselkäfer (Calandra oryzae).

Geschichtliches: Vaterland: Amerika, vor der Entdeckung allgemein geb.; bis zum 54° N. Br., 12000′ hoch. — Maisgürtel: Nordgränze: 15° N. Br.

Südgränze: 23° S. Br.

Verbreitete sich mit Schnelligkeit; in Europa: nach Spanien, Portugal, Frankreich, Deutschland, Ungarn, Griechenland, England, Rußland und nach Asien hinein; ferner in Indien, China und Japan, auf Sumatra, Philippinen, Guinea, Neuholland 2c.; in Afrika: auf Bourbon und Congo.

Familie: **Gräser** oder **Gramineen.**

Die Gerste.

Die Gerste (Hordeum L.): ein- u. zweijährig. — Stengel: (Halm) knotig, 2—4′ hoch. — Blätter: linealisch, an Scheiden. — Blüthen: in Aehren, aus regelmäßig geordneten Reihen Aehrchen. — Kelch: aus 2 schmalen Spelzen, immer nur eine Blüthe. — Blumenkrone: 2spelzig, beide Spelzen mit dem Korn verwachsen: äußere Sp.: eine lange, scharfe Granne; in einem Aehrchen immer 3 Blüthen; die mittelste: Stempel und Staubfäden, die beiden andern nur Staubfäden oder gar nichts. — Narbe des Stempels: federig. — Blüthezeit: Juni, Juli. — Früchte: Körner, Kronspelzen eng damit verwachsen; Granne beim Dreschen abgeklopft. — Leidet durch den Rost, zuweilen auch durch das Mutterkorn.

Es giebt 4 Arten:

a. die gem. Gerste (H. vulgare L.): alle Blüthen der Aehrchen: Stempel und Staubfäden, daher alle Früchte, in 6 Reihen. Mehrere Abarten: die Himmelsgerste (nicht beschalt) 2c.

b. die sechszeilige Gerste (H. hexastichon L.): alle Blüthen fruchtbar, in 6 gleichmäßigen Reihen.

c. die zweizeilige Gerste (H. distichum L.): nur die mittleren Blüthen fruchtbar, die Früchte in 2 Reihen. — Gr. Himmelsgerste, Pfauengerste.

d. die Bart- oder Reis-Gerste (H. zeocriton L.): mittlere fruchtbare Blüthe: fächerförmig abstehende Grannen.

Nutzen: Körner: Bier, Zucker, Syrup, Graupen, Grütze, Kaffee, Gerstenmilch, Mehl. — Viehfutter. — Mittel bei verschiedenen Krankheiten. — Stroh: Viehfutter.

Geschichtliches: Vaterland: vielleicht das nordwestliche Asien; nach Europa über Aegypten; jetzt in Skandinavien, Farör-Inseln, Großbritanien, nordeuropäische Ebene, mitteleuropäische Gebirge, Rußland, Alpen, Pyrenäen, Spanien, Italien, Ungarn, Türkei, Griechenland; einzelne Gegenden Amerika's, Australien's, Afrika's und Asien's. Gerstengürtel:

Nordgränze: 62—70—67° N. Br.
Südgränze: 57—65—60° N. Br.

Juden, Karthager, Aegypter, Griechen, Perser, Babylonier, Meder, Römer, die alten Deutschen und Alemannen.

Familie: **Gräser** oder **Gramineen.**

Der Hafer.

Der Hafer (Avena L.): einjährig. — Stengel: (Halm) knotig, 3—4′ hoch. — Blätter: linealisch, lang-zugespitzt, flach, mit scharfem Rande, an Scheiden. — Blüthen: Aehrchen hängend, in lockerer Rispe; Aehrchen meistens zwei- oder mehrblüthig, alle Blüthen: Staubfäden und Stempel. — Kelch: 3spelzig, 5—9nervig. — Blumenkrone: 2spelzig; untere Sp.: 2spitzig od. 2grannig, auf dem Rücken noch eine geknieete, unten gewundene Granne. Narbe: federartig, unmittelbar auf dem Fruchtknoten. — Blüthezeit: Juli, August. — Früchte: von den Kronspelzen umhüllte Körner.

In 4 Arten gebaut:

a. der gemeine H. (A. sativa L.): am häufigsten,
b. der türkische od. Fahnen-H. (A. orientalis Schreb.),
c. der Rauch-, Rauh- od. Sand-H. (A. strigosa Schreb.),
d. der nackte H. (A. nuda L.).

Nutzen: Körner: Brot, Haferbrei, Hafermus, Hafergrütze. — Vieh-, bes. Pferdefutter; Stroh: Streu und Winterfutter; die junge Pflanze: Grünfutter.

Geschichtliches: Vaterland: unbekannt; Celten und Germanen vor 2000 Jahren; Perser, Babylonier, Meder. — Amerika, Australien, Nord-Afrika; ursprüngliche Brotfrucht Europa's; in den meisten Ländern dieses Erdtheils.

Familie: **Gräser** oder **Gramineen.**

Die Hirse.

Die gem. Hirse (Panicum miliaceum L.): einjährig. — Stengel: aufsteigend, knotig, 1½—3′ hoch, mehrere aus einem Saamen. — Blätter: lang, breit-linealisch, wie die Scheiden dicht behaart. — Blüthen: in einer lockeren, weitschweifigen Rispe; auch die Aerchen bilden Rispen. — Kelch: 3klappig, Kelchspelzen: stachelspitzig; Blüthenkr: grannenlos, mit 2 Griffeln und 3 Staubfäden. — Blüthezeit: Juli, August. — Früchte: glatte, weiße, gelbe od. schwarze Körner (letztere Sprallhirse), in den erhärteten glänzenden Kronspelzen eingehüllt.

Nutzen: Körner: Graupen, Grütze; Futter für Federvieh. Stroh: Streu od. Viehfutter.

Geschichtliches: bei uns stellenweise, in der osteuropäischen Ebene sehr viel gebaut (bis 55° N. Br.); um das kaspische Meer von den Kirgisen, in Italien, Griechenland, an der Westküste Afrika's, in China und Ostindien. — Römer, Alemannen, Gallier, in Deutschland seit der Regierung der Hohenstaufen.

Familie: **Gräser** oder **Gramineen**.

Die Bohne.

Bei uns 2 Arten: a. die gemeine Bohne (Phaseolus vulgaris L.), auch Schminkbohne, Schneidebohne, Stangenbohne. — b. die vielblüthige Bohne (Ph. multiflorus Willd.) auch Feuer-, arabische od. türkische Bohne. a. u. b. einjährig.

a. Die gem. Bohne: Wurzel: senkrecht, mit Wurzelfasern. — Stengel: etwas eckig, ästig, windend, 10—12′ hoch, starkmarkig, mit sehr kleinen Haaren besetzt. — Blätter: wechselweise stehend, sehr lang gestielt, aus 3 Blättchen; diese kurz gestielt, etwas weichhaarig; das mittelste: breit, eirund; die seitenständigen: ungleich-eirund; alle mit bedeutend verlängerter Spitze. — Afterblättchen. — Blüthen: Trauben, in den Blattachseln, Blüthenstiele mit Nebenblättchen. — Kelch: einblättrig, 2lippig, abfallend, unter ihm Nebenblättchen. — Blumenkrone: 4blättrig, schmetterlingsartig, weiß, lila od. violett. — Staubfäden: 10, davon 9 verwachsen. — Griffel: fadenförmig, mit dicklicher, stumpfer, weichhaariger Narbe. — Blüthezeit: Juni—August. — Früchte: lange, grade od. sichelförmige, zusammengedrückte, glatte und glänzende Hülsen, bei der Reife gelb und lederartig. — Saamen: 5—7 in einer Hülse, nierenförmig, verschieden gefärbt, meist weiß oder schwarz; viele Spielarten. — Abart: Zwerg- od. Staudenbohne (Ph. nanus L.), nur 1—2′ hoch, windet nicht.

b. Die vielblüthige Bohne: Trauben länger als die Blätter; prächtige, scharlachrothe Blüthen, bunte, weit größere Saamen; Hülsen: von vielen kleinen Höckerchen rauh.

Nutzen: Früchte: Gemüse (grüne Bohnen, Brechbohnen). Bohnenmehl: Arzneimittel.

Geschichtliches: Vaterland: von a: Ostindien, von b: Süd-Amerika; beide jetzt überall gebaut, namentlich in der norbeuropäischen Ebene und im Gürtel des Weizens. — Juden, Aegypter, Griechen, Römer, Alemannen, in Deutschland seit der Zeit der Hohenstaufen; nach Amerika und China gewandert. — Indien: mindestens ein Dutzend Arten, Amerika: nur 3—4.

Familie: **Schmetterlingsblüthler** oder **Papilionaceen**.

Die Erbse.

In 2 Arten; viele Abarten: zweijährig.

a. die Schoten- od. Brech-Erbse (Pisum sativum L.)

b. die Acker- od. Zucker-Erbse (P. arvense L.).

Stengel: 1—2' hoch, haarlos, mit meergrünem Staube bedeckt. — Blätter: paarig-gefiedert, 2—3 Paar rundliche Blättchen; Nebenblättchen: halb-herzförmig, dicht am Stengel. Spitze der Blätter: eine Wickelranke. — Blüthen: meistens zu 2, sonst in Trauben, in den Achseln der Blätter. — Kelch: 5spaltig, mit breit-lanzettlichen, zugespitzten Zipfeln. — Blumenkrone: schmetterlingsartig, 4blättrig, ganz weiß od. die Fahne nur weiß, die Flügel rosenroth. — Staubfäden: 10, davon 9 verwachsen, pfriemenförmig. — Griffel: 3kantig, an der Spitze bärtig. — Blüthezeit: Mai—Juli. — Früchte: einfächerige, 2klappige Hülsen, mit 2—7 Saamen.

Bei der Acker- od. Zucker-Erbse: Blüthen einzeln od. zu 2. Fahne blaßviolett, Flügel purpurroth, Schiffchen weiß. — Feinde der Erbse: der Erbsenkäfer und die Tauben.

Nutzen: Früchte: Gemüse (grüne Erbsen, Brecherbsen, Erbsengraupen); Viehfutter. Stroh: nahrhaftes Viehfutter.

Geschichtliches: noch jetzt wild in der Krim, stammt wahrscheinlich von den Küsten des schwarzen Meeres, jetzt allenthalben verbreitet. — Juden, Griechen, Römer, Alemannen. — In Indien sehr lange bekannt.

Hierzu die Kichererbse (Cicer arietinum L): sehr wichtig für den Orient.

Familie: **Schmetterlingsblüthler** od. **Papilionaceen**.

Die Linse.

Die gem. Linse (Lathyrus Lens Peterm.): einjährig, ½—1' hoch, angebaut und verwildert. — Blätter: gefiedert, meist 6 Paar längliche Blättchen, die Spitze: eine Wickelranke, Nebenblättchen: lanzettlich, ganzrandig. — Blüthen: in den

Blattachseln, zu 1—3. — Kelch: 5 spaltig, fast ebenso lang wie die Blumenkrone, welche 4blättrig und blauweiß ist. — — Staubfäden: pfriemlich, 10, davon 9 verwachsen. — Griffel: fadenförmig, an der Spitze flach und breit. — Blüthezeit: Juni, Juli. — Früchte: elliptisch-rautenförmige Hülsen, meistens mit 2 Saamen; diese etwas glatt, gelblich, braun od. schwarzbraun.

Nutzen: Saamen: Gemüse; Stroh: Viehfutter.

Geschichtliches: Vaterland: vielleicht der nördliche Kaukasus und Süd-Rußland: dort jetzt noch wild; — im Kleinen gebaut, nur bei den Beduinen Brotfrucht; in Bengalen und Peru eingeführt. — Juden (Jakobs Linsengericht), Aegypter, Karthager, Griechen, Römer.

Familie: **Schmetterlingsblüthler** od. **Papilionaceen.**

Die Wicke.

Viele Arten bei uns wild, nur eine gebaut:

Die Saat-Wicke (Vicia sativa L.): einjährig, mehr oder weniger behaart, 1—1½' hoch. — Blätter: gefiedert, etwa 7 Paar Blättchen, endigen mit einer Wickelranke oder einem Spitzchen; alle Blättchen eine stachlige Spitze. — Blüthen: in den Blattwinkeln, einzeln oder zu 2, kurz gestielt. — Kelch: 5zähnig, alle Zähne gleich lang, lanzett-pfriemenförmig, grade ausgestreckt. — Blumenkrone: 4blättrig, Fahne blau, Flügel purpurroth, Schiffchen weißlich. — Staubfäden: 10, davon 9 verwachsen. — Griffel: grade aufstrebend, fadenförmig, oben etwas behaart. — Blüthezeit: Juni, Juli. — Früchte: aufrecht stehende, längliche, kurzhaarige Hülsen: gelbbraun, mit 5—8 kugeligen Saamen: braun.

Nutzen: frisch od. getrocknet, sowie die Saamen allgemein zu Viehfutter; nur bei großem Mangel: zu Brot.

Geschichtliches: Römer, Griechen, Karthager; seit dem 16. Jahrh. in Peru.

Hierzu die Sau- od. Buffbohne (Vicia Faba L.): einjährig, 2—4' hoch, stark, aufrecht, viereckig, meist astlos; viele Abarten. — Blätter: gefiedert, in eine Spitze endigend, 2 bis 3 Paar große, elliptische Blättchen. — Blüthen: in den Blattwinkeln, 2—4 blüthige Trauben, sehr kurz gestielt. — Kelch: 5zähnig, Zähne ungleich. — Blumenkrone: groß, fast immer weiß, zuweilen bläulich od. röthlich, auf jedem Flügel ein großer, sammetschwarzer Fleck. — Staubfäden und

Griffel: w. b. d. Wicke. — Blüthezeit: Juni, Juli. — Früchte: aufrechte Hülsen, von weichen kurzen Haaren flaumartig, reif: schwarz und lederartig, mit 5—6 Saamen.

Nutzen: Saamen: Viehfutter, zwar genießbar, aber nur eine grobe Speise, in Abyssinien: Brot; Bohnenmehl: Arzneimittel. Stroh: Viehfutter oder Brennmaterial.

Geschichtliches: Vaterland: wahrscheinlich am caspischen Meere; Griechen, Römer, Juden, Aegypter, Chinesen.

Familie: **Schmetterlingsblüthler** oder **Papilionaceen**.

Die Lupine.

In 3 Arten: einjährig.

a. die gelbe L. (Lupinus luteus L.).
b. die blaue L. (L. angustifolius L.).
c. die weiße L. (L. albus L.).

Die gelbe L.: 1—3' hoch, mit filzigen Haaren bedeckt. — Blätter: gefingert, mit 5—12 länglichen Blättchen. — Blüthen: fast sitzend, quirlständig, straußblüthig, jede Blüthe von einem Deckblättchen gestützt. — Kelch: 2lippig; Oberlippe: 2theilig, Unterlippe: 3zähnig. — Blumenkrone: 4blättrig, gelb. — Griffel: pfriemenförmig, mit kopfförmiger Narbe. — Blüthezeit: Mai, Juni. — Früchte: aufrechte Hülsen, mit 4—5 braun- u. weißschäckigen Saamen.

Die blaue L.: 1—4' hoch, linealische, angedrückt-weichhaarige Blättchen. — Blüthen: keine Deckblättchen, länger gestielt, wechselständig. — Kelch: 2lippig; Oberlippe: 2spaltig, Unterlippe: fast 3spaltig. — Blumenkrone: blau.

Die weiße L.: verkehrt-eiförmige, etwas längliche Blättchen. — Kelch: 2lippig: Oberlippe: ungetheilt, Unterlippe: 3zähnig. — Blumenkrone: weiß.

Nutzen: Gründüngung, Grünfutter; Saamen: Viehfutter, in einzelnden Gegenden: Gemüse, Brotmehl, geröstete Speise, Kaffeesurrogat; früher Arzneimittel.

Geschichtliches: Vaterland: die Länder des Mittelmeeres; breiten sich jetzt mit großer Schnelligkeit aus. Amerika hat eine eigene Lupinenart. — Griechen.

Familie: **Schmetterlingsblüthler** oder **Papilionaceen**.

Der Klee.

Bei uns mehrere Arten wild.

Der Wiesen-Klee (Trifolium pratense L.), auch Kopf-, spanischer oder Saat-Klee: 1—1¼' hoch, ausdauernd, wild und angebaut. — Blätter: lang-gestielt, aus 3 eiförmigen oder elliptischen Blättchen, ganzrandig, mit feinen anliegenden Härchen. Nebenblättchen. — Blüthen: in anfangs kugeligen, später eirunden Köpfchen, meistens 2 Köpfchen beisammen, von 2 stiellosen Blättern umhüllt. — Kelch: 10nervig, mit flaumenweichen Haaren, in 5gewimperte Zähne zertheilt, halb so lang wie die Blumenkrone: diese am Grunde zu einer Röhre verwachsen, roth, seltener weiß, nach dem Verblühen in der Kelchröhre bleibend. — Staubfäden: 10, davon 9 zu einem Bündel und mit der Blumenkrone verwachsen. — Griffel: haarlos. — Blüthezeit: Juni—September. — Früchte: 1—2 saamige Hülsen. —

Nutzen: Futterpflanze: frisch und getrocknet; Blüthen: viel Honig.

Statt des Wiesenklee's öfters die Luzerne (Medicago sativa L.) und die Esparsette (Onobrychis sativa Lmk.)

Geschichtliches: China (120 Jahr v. Chr.), Persien, Babylonien, Medien, Griechenland, Italien. — Nord-Afrika.

Familie: **Schmetterlingsblüthler** oder **Papilionaceen.**

Die Zwiebel.

Gehört zu den Lauch-Arten, viele davon bei uns wild und angebaut: alle ausdauernd. — Stamm: eine Zwiebel mit fleischiger Scheibe (Zwiebelkuchen), daran die haarförmigen Wurzeln in einem Kranz; Zwiebel unter der Erde, aus vielen fleischigen Blättchen. — Blätter: gestreift, röhrig, stielrund, bauchig, nach der Spitze zu pfriemenförmig, fleischig. — Stengel: (Schaft) 2—3' hoch, röhrenförmig, unter der Mitte aufgeblasen. — Blüthen: in einer Dolde, von häutigen Scheiden umgeben. — Kelch: 6blättrig, unterständig, weißlich, mit grünen Rückenstreifen. — Blumenkrone: fehlt. — Staubfäden: 6. — Griffel: ungetheilt, mit stumpfer Narbe. — Keine Honigdrüsen. — Blüthezeit: Juni, Juli. — Früchte: rundliche Kapseln mit eckigen Saamen; — mehrere Lauch-Arten zwischen den Blüthen kleine Zwiebeln, andere Nebenzwiebeln.

Die bei uns angebauten Arten:

a. die Sommer-Zwiebel (Allium Cepa L.)
b. die Schalotte (A. Ascalonicum L.)
c. die Winter-Zwiebel (A. fistulosum L.)
d. der Schnittlauch (A. Schoenoprasum L.)
e. der Porree (A. Porrum L.)
f. der Knoblauch (A. sativum L.)

Nutzen: Zwiebel und Blätter: Küchengewürz, Farbestoff, Linderungsmittel bei Geschwüren. —

Geschichtliches: Vaterland: Asien; jetzt über alle Länder der Erde verbreitet. — Juden, Aegypter, Griechen, Römer, Gallier, Deutschen.

Familie: **Liliengewächse** oder **Liliaceen.**

Der Holunder.

Der schwarze Holunder (Sambucus nigra L.): strauch- oder baumartig, 10—30′ hoch. — Wurzel: ästig, mit vielen Wurzelfasern. — Stamm: aufrecht, sehr ästig, mit rissiger Rinde und perlgrauer Oberhaut. Aeste: stielrund, gegenüberstehend, die älteren niedergebogen, die jüngeren aufrecht; sehr starkes, schwammiges, schneeweißes Mark. — Blätter: sehr große Anheftungspunkte, gegenüberstehend, gefiedert, 3—7 eiförmige, gesägte, zugespitzte, meist kahle Blättchen; Blattstiel rinnenförmig, mit Afterblättchen. — Blüthen: in einer flachen, dichten Trugdolde. — Kelch, einblättrig, 5theilig, mit spitzigen Zipfeln, oberständig. — Blumenkrone: einblättrig, 5theilig, radförmig, mit abgerundeten Zipfeln; weiß oder blaßgelb. — Staubfäden: 5, auf dem Grunde der Blumenkrone, pfriemenförmig, mit doppelten, runden, citronengelben Staubkölbchen. — Griffel: fehlt, dafür eine bauchige Drüse mit 3 stumpfen Narben. — Fruchtknoten: 3—5 fächrig. — Blüthezeit: Juni, Juli. — Früchte: längliche, genabelte Beeren: schwarz, seltener weiß, grün oder gefleckt.

Nutzen: Früchte und Blüthen: Arzneimittel; Fliedermus; Nahrung für viele Vögel. Holz: sehr fest (Drechsler.)

Geschichtliches: Vaterland: fast alle Länder Europa's und des nördlichen und mittleren Asien's.

Familie: **Geisblattgewächse** oder **Caprifoliaceen.**

Die Weinrebe.

Die Weinrebe oder der Weinstock (Vitis vinifera L.): ausdauernd. — Stamm: holzig, vieläſtig, kletternd, oft sehr groß, mit einer faserigen, sich ablösenden, braunen Rinde. — Blätter: wechselweise stehend, langgestielt, rundlich-herzförmig, stark gebuchtet, 5-, seltener 3lappig, nervig, aderig, grobgesägt; anfänglich mit abfallendem Filze bedeckt, später kahl. — Wickelranken: den Blättern gegenüberstehend, 2spaltig oder 2theilig, öfters mit Afterblättern. — Blüthen: gestielt, traubig. — Kelch: einblättrig, schwach 5zähnig, sehr klein. — Blumenkrone: sehr klein, 5blättrig, weichhaarig, hinfällig, gelb, grün, oben zusammengewachsen, daher mützenförmig. — Staubfäden: 5, pfriemenförmig. — Fruchtknoten: 4—5fächrig. — Griffel: sehr kurz, mit runder, stumpfer Narbe. — Blüthezeit: Juni, Juli. — Früchte: 1—2fächrige Beeren, von verschiedener Form, Größe und Färbung; mit 1—5harten Saamen, zuweilen gar keine. Die Weinrebe enthält viel Saft: — thränt; wird jährlich verschnitten.

Nutzen: Weintrauben: gegessen, Wein in den mannigfaltigsten Sorten, Rosinen, Corinthen, Zibeben, Arzneimittel: Weinstein, Traubenkur, zu Molken; die Trebern: Farbe und Buchdruckerschwärze; die knorrigen Aeste: Spazierstöcke.

Geschichtliches: Vaterland: das südwestliche Asien, jetzt über die ganze Erde verbreitet, kommt jedoch nicht mehr gut fort über den 50° N. Br. hinaus. Europa: das eigentliche Weingebiet: gegen 50 Rebenarten, der eigentliche Weinstock allein: 1400 Sorten. — Anbau sehr alt: Noah. — Amerika: einige eigenthümliche Rebensorten, ebenso Asien. — Australien (1837).

Familie: **Rebengewächse** oder **Ampelideen.**

Der Flachs.

Der Flachs oder gewöhnliche Lein (Linum usitatissimum L.): einjährig. — Stengel: schlank, dünn, am Gipfel verzweigt, etwa 2′ hoch. — Blätter: dicht, lanzettförmig, zugespitzt, ganzrandig, kahl, sitzend. — Blüthen: gipfelständig, kurzdauernd. — Kelch: 5blättrig, eiförmig, zugespitzt, feingewimpert, bleibend. — Blumenkrone: 5blättrig, sehr fein, himmelblau, mit azurblauen Adern. — Staubfäden: 5, pfriemenförmig, aufrecht, am Grunde in eine sehr kurze Röhre verwachsen, blau; wechseln mit 5 kleinen Zähnchen ab. — Fruchtknoten: oberständig, eiförmig, 5fächrig. — Griffel: 5, mit kolbenförmigen Narben. — Blüthezeit: Juni, Juli. — Früchte: (Kapseln) fast kugelrund, kurz stachelspitzig, 10fächrig, mit 10 glatten, glänzendbraunen Saamen. —

Nutzen: Fasern des Stengels: Leinwand, Segeltücher, Stricke 2c., — Lumpen: Papier; Saamen: Oel (Leinöl), Arzneimittel.

Geschichtliches: Vaterland: unbekannt, jetzt in allen Ländern der gemäßigten Zone, am meisten in Rußland, Preußen, Belgien, Holland, theilweise Frankreich. — Aegypter (Mumien).

Familie: **Leingewächse** oder **Lineen**.

Der Spargel.

Der gemeine Spargel (**Asparagus officinalis L.**): ausdauernd, wild und angebaut. — Stengel: aufrecht, walzig, haarlos, ästig, 2—4′ hoch. — Blätter: büschelig, kahl, kurzen Borsten ähnlich. — Blüthen: meist 2häusig, aus einer glockenförmigen, einblättrigen, 6theiligen, unterständigen Blüthenhülle bestehend; Blüthenstiel: gegliedert. — Staubfäden: 6, frei, gleichlang, auf dem Grunde der Blüthenhülle. — Griffel: trägt 3 zurückgebogene Narben. — Blüthezeit: Juni, Juli. — Früchte: kugelige, 3fächrige, erbsengroße, scharlachrothe Beeren, mit je 2(6) Saamen.

Nutzen: die jungen Stengelsprossen: Gemüse; in Beeten.

Geschichtliches: Römer: aus Deutschland; nach Asien und Nord-Amerika gewandert.

Familie: **Spargelgewächse** oder **Asparageen**.

Die Himbeere.

Die Himbeere (**Rubus Idaeus L.**): ausdauernd, strauchartig, wild und angebaut, erneuert sich alljährlich aus den kriechenden Wurzelsprossen; jeder Trieb erst im 2. Jahre Früchte, dann absterbend. — Stamm: aufrecht, oben etwas gebogen, stachlig, 3—4′ hoch. — Blätter: gefiedert, 3, 5—7 Blättchen mit gesägtem Rande, unterseits weißfilzig. — Blüthen: in einer wenigblüthigen, etwas überhangenden Rispe. — Kelch: unterständig, 5spaltig, bleibend. — Blumenkrone: 5blättrig, weiß. — Staubfäden: sehr zahlreich. — Fruchtknoten:

zahlreich, auf einem kegelförmigen Fruchtboden, bei der Reife saftig; jeder Fruchtknoten einen einfachen Griffel. — Blüthezeit: Mai—August. — Früchte: falsche, abfallende, halbkugelige, filzige, rothe Beeren; jedes Früchtchen einen Saamen.

Nutzen: Früchte: frisch genossen, Essig, Syrup, Gelee; die jungen Blätter getrocknet zu Thee.

Geschichtliches: Seit vielen Jahren mit rothen oder blaßgelben Früchten in Gärten.

Familie: **Rosengewächse** oder **Rosaceen.**

Die Erdbeere.

Die Erdbeere (Fragaria L.): ausdauernd, krautartig, wild und angepflanzt. — Blätter: wurzelständig, stark behaart, aus 3 Blättchen bestehend, gesägt. — Blüthen: immer 2—6, oder noch mehr an einem gemeinschaftl. Stengel, jede Blüthe gestielt. — Kelch: doppelt, 5 große und 5 kleine Blätter. — Blumenkrone: 5blättrig, rundlich, weiß. — Staubfäden: sehr zahlreich. — Griffel: einen Büschel bildend. — Blüthezeit: Mai, Juni, auch später. — Früchte: eine falsche, rothe Beere, jedes Früchtchen einen Saamen enthaltend. —

Wild 3 Arten:

1. die gemeine E. (Fr. vesca L.)
2. die hohe E. (Fr. elatior Ehrh.)
3. die Knorpel-E. (Fr. collina Ehrh.)

Diese werden auch in Gärten gezogen, häufiger aber die aus Amerika stammenden Arten:

a. die Scharlach-E. (Fr. virginiana Ehrh.)
b. die Ananas-E. (Fr. grandiflora Ehrh.)
c. die Chili-E. (Fr. chiloensis Ehrh.)

Nutzen: Früchte: frisch.

Geschichtliches: Römer. — Die Ananas-Erdb. seit 1767 in Paris und von dort weiter verbreitet.

Familie: **Rosengewächse** oder **Rosaceen.**

Der Hanf.

Der gem. Hanf (Canabis sativa L.): einjährig, mit 2häusigen Blüthen. — Stengel: gewöhnlich 4—6, aber auch bis 16′ hoch, aufrecht, straff, eckig, kurzhaarig, scharf und ästig. —

Blätter: gestielt, gegenüberstehend, gefiedert, 5—9zählig, mit kurzen scharfen Haaren; Blättchen: schmal-lanzettlich und spitzgesägt. — Blüthen: männliche auf einer, weibliche auf einer andern Pflanze; erstere: in großen gipfelständigen Rispen, letztere: zu 2, theils in den Blattachseln, theils an den Spitzen der Stengel und Aeste. — Männliche Blüthen: Kelch: 5theilig, Blumenkrone: fehlt, Staubfäden: 5, sehr kurz, grade und haarförmig; weibliche Blüthen: Kelch: einblättrig, auf einer Seite der Länge nach gespalten. Blumenkrone: fehlt, auf dem Fruchtknoten 2fadenartig-keulenförmige Griffel, mit stumpfer, herablaufender Narbe. Fruchtknoten: sehr klein, eiförmig-länglich, fast 2bäuchig. — Fruchthülle: eine rundliche, nußartige, vom Kelche umschlossene Achene: sehr dünn und zerbrechlich, den Saamen einschließend. — Blüthezeit: Juli, August.

Nutzen: Fasern des Stengels: Leinwand, Segel, Sack- und Packtücher, Netze, Taue, Seile, Stricke, Schuhmacherdraht 2c.; Saamen: Oel, vielen Vögeln zur Nahrung; aus den Haardrüsen: Haschisch (Erregungsmittel.)

Geschichtliches: Vaterland: Persien, Indien, die Gegend am caspischen Meere 2c.; jetzt sehr häufig gebaut, am meisten in Rußland und Polen (wegen der Fasern), in den asiatischen Ländern (wegen des Haschisch).

Familie: **Nesselgewächse** oder **Urticeen.**

Der Hopfen.

Der gemeine Hopfen (Humulus Lupulus L.): ausdauernd, links windend, mit zweihäusigen Blüthen. — Wurzel: kriechend, mit vielen Wurzelfasern. — Stengel: jährlich absterbend, sehr lang, schlank und schlaff, stielrund und röhrig. — Blätter: gegenüberstehend, lang gestielt, 3- bis 5lappig auch ungetheilt, am Grunde herzförmig, scharf gesägt, rippig geadert, auf der Oberfläche sehr scharf, mit Afterblättern. — Blüthen: die männlichen in blattwinkelständigen, hängenden, von Deckblättern unterstützten Rispen. — Kelch: 5blättrig, mit länglichen, etwas stumpfen Blättchen. — Blumenkrone: fehlt. — Staubfäden: 5, haarförmig, kurz. — Die weiblichen Blüthen in einer Kätzchen tragenden Rispe mit großen vertieften, mehrblättrigen Deckschuppen. Jede Blüthe mit einem besonderen Deckblättchen. — Kelch: einblättrig, eiförmig, groß, ganzrandig und schief geöffnet. — Blumenkrone: einblättrig, fast kugelrund, an der Mündung ausgeschweift, bleibend. — Fruchtknoten: rundlich-eiförmig. — Griffel: 2, fadenförmig, mit spitziger, herablaufender Narbe. — Früchte: die Schuppen wachsen fort, der Fruchtstand: ein Zapfen. — Blüthezeit: Juli, August.

Nutzen: die Zapfen: bei der Bierbrauerei. Das Bier oft durch andere Stoffe verfälscht. Die jungen Sprossen: Gemüse (Hopfenspargel). Der Bast z. B. in Schweden zu Seilen und Segeltuch. Die verbrannten Ranken: Laugensalz. Die Blüthen: Arzneimittel.

Geschichtliches: In Deutschland, Skandinavien und Nord-Amerika einheimisch; in Gärten häufig gebaut. Seit mehreren hundert Jahren in allen Ländern, wo Bier getrunken wird, besonders in den nördlichen Gegenden ein Gegenstand der Kultur.

Familie: **Nesselgewächse** oder **Urticeen**.

Die Cichorie oder Wegwarte.

Es giebt 2 Arten:

1. die gemeine Wegwarte (Cichorium Intybus L.).
2. die Endivien-Wegwarte (Cichorium Endivia L.).

Die gem. Wegwarte: ausdauernd, Stengel jährlich absterbend. — Wurzel: spindelförmig, meistens ästig, nicht sehr stark, hart, außen gelbbraun, innen weiß. — Stengel: ästig, aufwärtsstrebend, wenig beblättert, 1—4′ hoch. — Blätter: untere: schrotsägeförmig; obere: länglich, ungetheilt; blüthenständige: lanzettlich, mit breiterem Grunde, theilweise stengelumfassend. — Blüthen: mehrere auf einem gemeinschaftlichen Kelche stehend, zu einem Kopfe vereinigt, 2 oder mehrere Köpfe dicht nebeneinander. — Kelch: doppelt; äußerer 5blättrig, innerer 8blättrig, unten zusammengewachsen. Die einzelnen Blüthen: zungenförmig, am Rande einen Strahlenkranz bildend. In jeder Blüthe: 5 Staubfäden. — Griffel: knotenlos. Narbe: fadenförmig, zurückgerollt. — Blumenkrone: blau, seltener rosenroth od. weiß. — Der Saame trägt einen federförmigen Büschel. — Blüthezeit: Juli, August.

Auf Wegen, Triften und Rainen häufig wild. Gebaut mit dicker, fleischiger, an 2 Fuß langer Wurzel: Kaffeezusatz. Blätter: Salat, in England Viehfutter.

Geschichtliches: in Deutschland seit Karl d. Gr. gebaut; seit lange in Griechenland und Aegypten; seit 1560 in Amerika.

Die Endivien-W.: zweijährig. Blätter: länglich, buchtig-geschweift; blüthenständige: breit-eirund, am Grunde herzförmig, stengelumfassend; der vorigen sehr ähnlich, — in Gärten mit krausen, fast gefiederten, großen, breiten, gezähnten oder langen, schmalen Blättern. Diese dienen zum Küchengebrauch.

Geschichtliches: Stammt aus Indien, über ganz Europa und Nordafrika verbreitet; früh kultivirt: in Nord-China, Japan, Griechenland und Italien; jetzt mehrere Abarten.

Familie: **Vereinblüthler** oder **Compositen**.

Der Garten-Salat.

Der Garten-Salat (Lactuca sativa L.): einjährig. — Wurzel: spindelförmig. — Stengel: 2—3 Fuß hoch, in viele Aeste verzweigt, straff nach oben gerichtet, viele Blüthen tragend. — Blätter: etwas kraus, adrig-netzförmig, glatt, gezähnelt, zuweilen schrotsägig-fiederspaltig; am Stengel sitzend (stengelumfassend), am Grunde herzförmig, weniger kraus; blüthenständige: ebenfalls sitzend, fast ganz platt, zugespitzt, mit herzförmigem Grunde. — Blüthenstand: doldentraubige, oben eine Fläche bildende Rispe, — alle Blüthen zungenförmig von einem gemeinschaftlichen Kelche umschlossen, demselben eingefügt, 2 bis 3 Reihen bildend. — Kopfkelch: aus mehreren dachziegeligen Blättchen bestehend. — Blumenkrone: blaßgelb. — Staubfäden: 5, Staubbeutel: verwachsen. — Griffel: knotenlos. Narbe: fadenförmig, zurückgerollt, zweitheilig. — Früchte: braun, mit einem federartigen Büschel. — Blüthezeit: Juni bis August.

Nutzen: die jungen Blätter roh als Gemüse, — viele Sorten mit grünen, gelblichgrünen, braunrothen, braunrothgefleckten, kreisrunden, langen, blasig-gewölbten, glatten Blättern; Kopfsalat, Stechsalat; — in Gärten und Mistbeeten; — nirgends wild, häufiger verwildert, stammt vom wilden Salat (L. Scariola L.).

Geschichtliches: Römer, Griechen und Perser; in Deutschland seit Karl d. Gr., in England seit 1562; — jetzt über die ganze Erde verbreitet. Bei uns: mehrere Salat-Arten wild, z. B. der Gift-Lattich (Lactuca virosa L.): giftig.

Familie: **Vereinblüthler** oder **Compositen.**

Der Buchweizen.

Der Buchweizen, auch Haidekorn (Polygonum Fagopyrum L.): einjährig. — Stengel: aufrecht, 1—2' hoch, ästig, blutroth, knotig. — Blätter: herz-pfeilförmig, zugespitzt, glänzend, netzförmig-adrig. — Blüthen: traubenständig, in den Blattwinkeln oder an der Spitze. — Kelch: blumenkronenartig gefärbt, meistens weiß, seltener rosenroth, 5theilig. — Blumenkrone: fehlt. — Staubfäden: 8. — Fruchtknoten: oberständig. — Griffel: 3. — Narben: kopfförmig. — Blüthezeit: Juli, August. — Frucht: eine dreikantige, an den Kanten ganzrandige, zugespitzte Nuß; braun.

Nutzen: Grünfutter; braune Farbe; der Saame: Grütze und Mehl; Honigpflanze.

Geschichtliches: Heimath: Asien, namentlich die nordwestlichen Gegenden des chinesischen Reiches. — Kam zuerst an das Mittelmeer, von dort durch die Saracenen weiter verbreitet; durch die Slaven nach Griechenland; in Deutschland seit dem 15. Jahrhundert; in Frankreich und England seit dem 16. Jahrhundert; — jetzt im ganzen mittleren und nördlichen Europa und in Nord-Asien (China) häufig gebaut; in Nord-Indien und auf Ceylon nur sparsam.

Auch der tartarische Knöterich (Polygonum tataricum L.): hier und da zu gleichem Zwecke angebaut.

Familie: **Knöterichgewächse** oder **Polygoneen.**

Die Weber-Karde.

Die Weber-Karde (Dipsacus Fullonum Mill.): zweijährig. — Wurzel: einfach, spindelförmig. — Stengel: aufrecht, selten verzweigt, 4—6' hoch, kantig-gefurcht, je weiter nach oben, desto mehr mit kurzen, starken, etwas abwärts-gekrümmten Stacheln besetzt. — Blätter: im Büschel des ersten Jahres groß, fast stiellos, netzig-adrig, auf den Rückennerven mit Stacheln besetzt, sonst kahl, gekerbt-gesägt; Stengelblätter: gegenüberstehend, sitzend, am Grunde breit zusammengewachsen, nur wenig, die oberen gar nicht getheilt. — Blüthen: zu Köpfen vereinigt. — Kopfkelch: vielblättrig. Blüthenkelch: beckenförmig, gezähnt; außerdem noch eine bleibende Hülle mit einem kurzen, gezähnten Kröndchen. — Hüllblättchen: linealisch, wagerecht abstehend, an der Spitze etwas abwärts gebogen. — Blumenkrone: 4spaltig, lila oder weißlich, dem Kelchschlunde eingefügt. — Staubfäden: 4, stehen auf dem Grunde der Blumenkrone. — Fruchtknoten: mit dem eigentlichen Kelche verwachsen, einfächrig, einsaamig. — Griffel: mit einfacher Narbe. — Blüthenboden: kegelförmig, mit steifen, länglichen, nach unten gekrümmten, spitzigen Spreublättchen besetzt. — Blüthezeit: Juli, August. —

Nutzen: Köpfe: wegen der steifen Spreublättchen: zum Rauhen oder Aufkratzen („Kardätschen") der Tücher in Tuchfabriken.

Geschichtliches: in der Mark Brandenburg, im übrigen Deutschland stellenweise, im südlichen Frankreich häufig und im Großen gebaut. Zu Karls d. Gr. Zeit in Deutschland zuerst kultivirt.

Familie: **Kardengewächse** oder **Dipsaceen**.

Der Mohn.

Der schlafbringende Mohn (Papaver somniferum L.): einjährig. — Wurzel: einfach oder etwas ästig, senkrecht, nur wenig Wurzelfasern. — Stengel: 2—5′ hoch, meist einfach, auch ästig, stielrund, kahl und aufrecht. — Blätter: länglich und ungleich gezähnt, oben meergrün, unten fast schimmelgrün, die wurzelständigen: gestielt, länglich oder lanzettförmig-länglich und gebuchtet; von den stengelständigen: die unteren ganz kurz gestielt, die oberen sitzend, stengelumfassend und ganzrandig. — Blüthen: einzeln stehend, an den Gipfeln oder in den Blattachseln, sehr lang gestielt, Blumenstiele vor dem Aufblühen sehr stark gekrümmt, nachher aufrecht, oben steif behaart. — Blüthenkelch: 2blättrig, länglich ausgerandet, kahl und hinfällig. — Blumenkrone: 4blättrig, Blättchen rundlich, mehr breit als lang, ganzrandig, od. schwach ausgeschweift, weiß mit lila oder braunrothem Grunde, od. schön purpurroth mit lila oder bräunlichem Grunde. — Staubgefäße: etwa 100, kürzer als die Kronenblätter; weiß oder bläulich, mit blaßgelben Staubkölbchen. — Fruchtknoten: rundlich-urnenförmig. — Griffel: fehlt; Narbe auf dem Fruchtknoten sitzend, deckelförmig, spitzig gekerbt, etwas gewölbt, 10—15strahlig. — Blüthezeit: Juli, August. — Früchte: eine kahle, urnenförmige Kapsel, mit der bleibenden vertieften Narbe gekrönt. Kapsel einfächrig mit scheidewandartigen Saamenträgern, unter der Narbe in Löcher aufspringend. — Saamen: zahlreich, sehr klein, nierenförmig, schmutzig-weiß, bräunlich, schwarz od. bläulich.

Nutzen: Saamen: zum Küchengebrauch, Vogelfutter, Mohnöl (Malerei); in der frischen Pflanze viel Milchsaft, — das Opium — (Arznei- und Sinnenreizmittel).

Geschichtliches: Griechen 2c.; — jetzt überall gebaut: in Vorder- und Hinterindien, China, Korea, Japan, Aegypten, Arabien, Persien, Hindostan, Nord-Afrika und durch ganz Europa. — Bei uns mehrere Verwandte, davon das größere Schöllkraut (Chelidonium majus L.) giftig.

Familie: **Mohngewächse** oder **Papaveraceen**.

Die Kartoffel.

Die Kartoffel (Solanum tuberosum L.): einjährig, meist nur durch die Knollen fortgepflanzt. Vom Wurzelstock lange, strangförmige, unterirdische Ausläufer mit einer großen Menge Knollen von verschiedener Gestalt, diese: Knospen (Augen), im nächsten Jahre Stengel treibend. — Stengel: krautartig, kantig, aufrecht, einfach oder ästig, 1—3' hoch. — Blätter: unpaarig-gefiedert, Blättchen ungleich, abwechselnd stehend, klein und ganzrandig, zwischen ihnen kleinere Nebenblättchen; unterseits zottig oder flaumhaarig, oberseits rauh. — Blüthen: in langgestielten Trugdolden. Blüthenstiele in der Mitte gegliedert. — Kelch: bleibend, einblättrig, 5theilig. — Blumenkrone: unter dem Fruchtknoten sitzend, radförmig, 5theilig, Saum 5eckig, gespaltet, von bläulicher, weißlicher oder röthlicher Farbe. — Staubfäden: 5, auf dem Grunde der Blumenkrone sitzend, aufrecht stehend. — Staubbeutel: zusammenschließend, an der Spitze in 2 Löcher aufspringend. — Fruchtknoten: auf dem Grunde des Kelches sitzend; Griffel mit einfacher Narbe. — Blüthezeit: Juli, August. — Früchte: eine kugelrunde Beere, darin viele Saamen. —

Nutzen: Knolle: allgemeines Nahrungsmittel, Viehfutter; Spiritus, Stärkemehl; Kraut: Viehfutter, Streu.

Geschichtliches: viele Abarten; Vaterland: Amerika; von Chili bis Peru noch jetzt wild als Meerespflanze. 1492 bereits kultivirt auf dem größten Theile der Anden Süd-Amerikas von Chili bis Neu-Granada; nach Europa durch die Spanier aus Quito und durch Walter Raleigh aus Virginien nach England (1584.); jetzt überall in großer Menge seit etwa 350 Jahren; — seit 60 Jahren in Asien: Indien, Bengalen, Himalaya-Gebirge, Persien, Ceylon, Madras, China, Java, Kamtschatka, Philippinen. — Afrika: im nördlichen Theile und am Cap. — Australien: auf Neuholland, Neuseeland und Vandimensland.

Hierzu: mehrere verwandte Nachtschattenarten, welche giftig sind, z. B. der schwarze Nachtschatten (Solanum nigrum L.) und der Bittersüß-Nachtschatten (S. Dulcamara L.), nebst anderen sehr giftigen Pflanzen.

Familie: **Nachtschattengewächse** oder **Solaneen**.

Der Tabak.

Es giebt 3 Arten:

a. der große breitblättrige oder Virginische Tabak (Nicotiana Tabacum L.).

b. der breitblättrige Tabak (N. latissima Mill.).

c. der Bauern-Tabak (N. rustica L.).

Die erste Art am häufigsten gebaut; einjährig. — Wurzel: ästig, mit vielen Wurzelfasern; gelblich-weiß. — Stengel: einfach oder ästig, stielrund, mit kurzen drüsigen Haaren bedeckt, daher klebrig, 3—5′ hoch. — Blätter: abwechselnd, stark gerippt, wollig, länglich-lanzettlich, lang zugespitzt, gelblich-grün, unterseits blasser, von den drüsentragenden Haaren klebrig; die wurzelständigen schon vor der Blüthezeit abgeblattet: ovallänglich, zugespitzt, 1—1½ Fuß lang, gestielt und verschmälert-herablaufend; die unteren stengelständigen: umgekehrt-eirund, lanzettförmig-zugespitzt, sitzend — die oberen stengelständigen: linien-lanzettförmig, lang-zugespitzt, sitzend, etwas stengelumfassend. — Blüthen: groß, gestielt, in Rispen oder einzeln stehend, oft abgebrochen. Die Rispen: theils am Gipfel, theils in den Blattachseln; mit Nebenblättern. — Kelch: einblättrig, röhrig, bauchig, 5spaltig, klebrig, gelblich-grün, halb so lang wie die Blumenkrone. Zipfel bleibend, linien-lanzettförmig, zugespitzt, abstehend. — Blumenkrone: einblättrig, trichterförmig, 5spaltig, tellerförmig erweitert, rosenroth. — Staubfäden: 5, fadenförmig, unten zottig-weichhaarig, ungleich, auf dem Grunde der Blumenkrone stehend. Staubkölbchen zweifächrig, zottig-weichhaarig, schwefelgelb. — Fruchtknoten: überständig, kegelförmig, kahl, hat 2 Furchen. — Griffel: fadenförmig, kahl, oben etwas gebogen, mit grüner, kopfförmiger, zottig-weichhaariger, klebriger Narbe. — Blüthezeit: Juli bis Oktober. — Früchte: zweifächrige, zweiklappige, oval-runde, kaffeebraune Kapseln mit zahlreichen, sehr kleinen, kaffeebraunen Saamen.

Nutzen: Arzneimittel, Rauch- und Schnupftabak (Cigarren).

Geschichtliches: Vaterland: Amerika; dort schon lange vor der Entdeckung geraucht. 1559 von Brasilien nach Portugal; durch den französischen Gesandten Nicot weiter verbreitet, zunächst als Heilpflanze. Das Rauchen: holländische und englische Matrosen. Das Schnupfen: 1620 bei den Spaniern, verbreitete sich schnell. — Jetzt viel gebaut in Amerika, (die besten Sorten), aber auch in allen Ländern Europas, in mehreren Ländern Asiens, theilweise in Australien und Afrika. — Tabaks-Monopol.

Familie: **Nachtschattengewächse** oder **Solaneen**.

Die gemeine Runkelrübe.

Die gemeine Runkelrübe (Mangold) (Beta vulgaris L.): 1- u. 2jährig. — Wurzel: einfach, sehr stark und fleischig. — Blätter: gestielt; die unteren: eiförmig, stumpf, sogar etwas herzförmig; die oberen: rautenförmig. — Stengel: aufrecht, wie die ganze Pflanze glatt, mit starken Längsfurchen, 2—4′ hoch. — Blüthen: mehrere beisammen, 3- und mehrblüthige Blüthenknäuel, unterbrochene Aehren bildend. — Blüthen: unvollständig. — Blüthenhülle: klein, fünfspaltig, fleischig werdend, am Grunde röhrenförmig, den Fruchtknoten einschließend. — Staubfäden: 5. — Griffel: 2, mit radförmiger Narbe. — Blüthezeit: Juli — September. Früchte: mit der Blüthenhülle verwachsen, wagerecht liegende Saamen enthaltend.

Nutzen: Wurzel: Salat, Syrup, Zucker, Viehfutter. Blätter: ebenfalls Viehfutter.

Geschichtliches: Die im Großen kultivirten Sorten stammen von dem gemeinen Mangold (Beta foliosa Ehrenb.)

am mittelländischen und atlantischen Ocean wild, zwei Unterarten: a. der Garten-Mangold (Beta vulgaris Cicla L.), b. der Rüben-Mangold (Beta vulgaris rapacea Koch.). Erstere: schwarze Haut, dunkelbraune Blätter, schönrothes Fleisch und lange schmale Wurzeln, (auch rothe Rübe oder Salat-Rübe); mit prächtig rothen oder gelben Blattrippen sogar in Blumentöpfen. — Wichtiger die zweite Art, davon die Zuckerrübe. — Rübenzucker-Fabriken: besonders in Frankreich und Deutschland. — Griechen u. Römer. — In Deutschland seit Karl d. Gr.; in England seit 1570. — Jetzt über ganz Europa und Nord-Amerika verbreitet. — In Persien und Indien: häufiges Gemüse. Bei uns eine ganze Reihe verwandter Arten, z. B. der gemeine Spinat (Spinacia oleracea L.) und die Garten-Melde (Atriplex hortense L.): Salat.

Familie: **Gänsefußgewächse** oder **Chenopodeen.**

Druck von W. Pormetter, Berlin.

www.ingramcontent.com/pod-product-compliance
Lightning Source LLC
LaVergne TN
LVHW092104300926
849161LV00002B/32
9783112627198